BEI GRIN MACHT SICH IHR WISSEN BEZAHLT

- Wir veröffentlichen Ihre Hausarbeit,
  Bachelor- und Masterarbeit

- Ihr eigenes eBook und Buch -
  weltweit in allen wichtigen Shops

- Verdienen Sie an jedem Verkauf

Jetzt bei www.GRIN.com hochladen
und kostenlos publizieren

GRIN

Niko Michl

PCR-basierter Nachweis von Methicillin-resistenten Staphylococcus aureus

GRIN Verlag

Bibliografische Information der Deutschen Nationalbibliothek:

Die Deutsche Bibliothek verzeichnet diese Publikation in der Deutschen National-
bibliografie; detaillierte bibliografische Daten sind im Internet über http://dnb.d-
nb.de/ abrufbar.

Dieses Werk sowie alle darin enthaltenen einzelnen Beiträge und Abbildungen
sind urheberrechtlich geschützt. Jede Verwertung, die nicht ausdrücklich vom
Urheberrechtsschutz zugelassen ist, bedarf der vorherigen Zustimmung des Verla-
ges. Das gilt insbesondere für Vervielfältigungen, Bearbeitungen, Übersetzungen,
Mikroverfilmungen, Auswertungen durch Datenbanken und für die Einspeicherung
und Verarbeitung in elektronische Systeme. Alle Rechte, auch die des auszugsweisen
Nachdrucks, der fotomechanischen Wiedergabe (einschließlich Mikrokopie) sowie
der Auswertung durch Datenbanken oder ähnliche Einrichtungen, vorbehalten.

Impressum:

Copyright © 2014 GRIN Verlag GmbH
Druck und Bindung: Books on Demand GmbH, Norderstedt Germany
ISBN: 978-3-656-91361 0

Dieses Buch bei GRIN:

http://www.grin.com/de/e-book/293371/pcr-basierter-nachweis-von-methicillin-
resistenten-staphylococcus-aureus

GRIN - Your knowledge has value

Der GRIN Verlag publiziert seit 1998 wissenschaftliche Arbeiten von Studenten, Hochschullehrern und anderen Akademikern als eBook und gedrucktes Buch. Die Verlagswebsite www.grin.com ist die ideale Plattform zur Veröffentlichung von Hausarbeiten, Abschlussarbeiten, wissenschaftlichen Aufsätzen, Dissertationen und Fachbüchern.

Besuchen Sie uns im Internet:

http://www.grin.com/

http://www.facebook.com/grincom

http://www.twitter.com/grin_com

HUMBOLDT-GYMNASIUM VATERSTETTEN
JAHRGANG 2013/2015

PCR-basierter Nachweis von Methicillin-resistenten *Staphylococcus aureus* (MRSA)

W-Seminar
Einzellige Chemiker

Niko Michl
04.11.2014

Inhaltsverzeichnis

1. Einleitung

„Februar 2009. Ich verletze mich bei einem Hockey-Spiel. Kniesehnen sind gerissen. Schon wenige Tage später komme ich in einer renommierten Stuttgarter Klinik unters Messer. Eine Routine-Operation, heißt es. Nach fünf Tagen kann ich heim. [...]

Vier Tage später bin ich wieder da. Das Knie ist zu einem fast melonengroßen Klumpen angeschwollen. Die kleinste Bewegung verursacht Höllenschmerzen. Die Ärzte diagnostizieren eine Entzündung. Notoperation, das Gelenk muss sofort gespült werden."[1]

Malte Arnsperger erzählt in seinem Artikel „Nach der Routine begann der Horror" auf stern.de seine Leidensgeschichte, verursacht durch den Krankenhauskeim *Staphylococcus aureus*. Der Erreger hatte nach einer Operation eine Entzündung am Knie hervorgerufen. Ob Herr Arnsperger bereits vor dem Eingriff mit *Staphylococcus aureus* besiedelt war oder erst durch hygienische Mängel im Krankenhaus infiziert wurde, wird letztlich nicht geklärt – es wäre jedoch beides möglich. Auch nach der erwähnten Gelenkspülung und einer zweiwöchigen Antibiotikatheraphie konnten die Bakterien nicht vollständig entfernt werden, sodass Malte Arnsperger nach drei Monaten ein eigroßes Abszess aus dem Knie entfernt werden musste. Bereits einen Monat später folgt die nächste Operation. Im Juli 2010 ist der *Staphylococcus aureus* nach fünf Monaten Hockey längst vergessen – bis zu dem Moment, an dem das Knie wieder angeschwollen ist und *Staphylococcus aureus* diagnostiziert wird.[2] Der Oberarzt sagt: „Ganz sicher werde man nie sein können, dass der Keim weg ist."[3]

Das Schicksal von Malte Arnsperger ist kein Einzelfall und spiegelt die Erfahrung vieler Menschen wider, die Entzündungen durch diesen Krankenhauskeim erleiden mussten. Doch was genau ist *Staphylococcus aureus*? Dies und weitere Aspekte, wie Kolonisation, Übertragung, sowie die Methicillin-resistenz bestimmter *Staphylococcus aureus*-Stämme und deren PCR-basierter Nachweis werden in dieser Seminararbeit erläutert.

---

[1] (ARNSPERGER, M. (2. September 2010). *Nach der Routine begann der Horror.* Abgerufen am 12. 10 2014 von Stern: http://www.stern.de/gesundheit/krankenhauskeim-mrsa-nach-der-routine-begann-der-horror-1599377.html)
[2] (vgl. ARNSPERGER, 2010)
[3] (ARNSPERGER, 2010)

2. *Staphylococcus aureus*

2.1 Allgemeines

Staphylococcus aureus (*S. aureus*) ist ein unbewegliches, kugelförmiges Bakterium, das im mikroskopischen Präparat häufig in Haufen zusammengelagert ist[4] und eine Größe zwischen 0,5 und 1µm erreichen kann.[5] Diese Art lässt sich der Gattung *Staphylococcus* zuordnen, welche wiederum der Familie *Micrococcaceae* angehört. *Staphylococcus* ist im Allgemeinen grampositiv und zudem nicht sporenbildend.[6] Der Name ist auf das traubenförmige (staphyle = Traube) Aussehen im zusammengelagerten Zustand zurückzuführen.[7] *S. aureus* unterscheidet sich als Koagulase-positive Staphylokokken aufgrund der Bildung von freier Koagulase von anderen, Koagulase-negativen Staphylokokken.[8]

2.2 Vorkommen

Statistiken zufolge sind 15-20% der Bevölkerung permanent mit *S. aureus* besiedelt, während weitere 50-70% vorrübergehend und nur knapp 15-20% nie betroffen sind.[9] Die Trägerrate kann bei medizinischem Personal allerdings sogar bis zu 90% betragen.[10] Die häufigsten Besiedelungsorte von *S. aureus* sind „salzhaltige Areale"[11] des Menschen, wie die nasale Schleimhaut. Aber auch der Rachen, die Leiste, die Achseln und das Perineum zählen zu weiteren möglichen Besiedelungsarealen dieser Erreger.[12] Zu den Risikofaktoren einer Kolonisation und einer Infektion zählen unter anderem Menschen in hohem Alter, Patienten mit Diabetes mellitus[13], Verbrennungen, Fremdkörpern (z.B. Implantate)[14] oder generell mit einem geschwächten Immunsystem.[15] Bei den meisten Trägern ruft eine Besiedelung keine Symptome hervor.[16]

---

[4] (vgl KÖHLER u.a., W. (Hrsg.). (2001). *Medizinische Bakteriologie*. München: Urban & Fischer. S. 250)
[5] (vgl. SCHÄFER, T. (2010). *Biolumineszenz-basierte Untersuchungen zur Dynamik klinisch relevanter Staphylococcus aureus-Infektionen und zum Virulenzpotenzial ausgewählter Pathogenitätsfaktoren.* Universität Würzburg. S. 5)
[6] (vgl. KÖHLER u.a., 2001, S. 250)
[7] (vgl. SCHÖFER u.a., H. (2011). *Diagnostik und Therapie Staphylococcus aureus bedingter Infektionen der Haut und Schleimhäute*. o.O.: AWMF online. S. 3)
[8] (vgl. KÖHLER u.a., 2001)
[9] (vgl. SCHÖFER u.a., 2011, S. 4)
[10] (vgl. GOLL, C. (2008). MRSA in einem Universitätsklinikum (1999-2004). Berlin. S. 3)
[11] (KAISER, P. (2005). *Selektive Kulturmethoden mit chromogenen Medien und PCR-Methoden zum Nachweis von MRSA direkt aus Nasen-Abstrichtupfern.* Universität Regensburg. S. 13)
[12] (vgl. KAISER, 2005, S. 13)
[13] (vgl. GOLL, 2008, S. 3)
[14] (vgl. KAISER, 2005, S. 13)

2.3 Übertragung

Schmierinfektionen sind der häufigste Übertragungsweg der Erreger. Dies geschieht meist im Krankenhaus über den direkten Händekontakt von Patient und medizinischen Personal. Des Weiteren können *S. aureus* auch über den Kontakt mit kontaminierten Oberflächen, Gegenständen oder Lebensmitteln auf den Körper des Menschen übertragen werden, da sie dort wochenlang überleben können. [17]Mangelnde hygienische Maßnahmen, sowohl in als auch außerhalb von Krankenhäusern, spielen daher eine zentrale Rolle in der Übertragung von *S. aureus*.

2.4 Pathogenitäts- und Virulenzfaktoren

Durch *S. aureus* bedingte Infektionen werden durch mehrere Pathogenitätsfaktoren hervorgerufen. Unter dem Begriff Pathogenität versteht man die „Gesamtheit der Eigenschaften eines Mikroorganismus, die es diesem erlauben, eine Infektion hervorzurufen".[18] Die Virulenz eines Erregers beschreibt das Ausmaß dieser Pathogenität auf den Organismus. [19] Die Pathogenität von *S. aureus* beruht unter anderem auf folgenden Zelloberflächenstrukturen und extrazellulären Produkten:

Protein A befindet sich auf der Polysaccharidkapsel der meisten *S. aureus*-Stämme und bindet die Fc-Fragmente des Antikörpers Immunglobulin G (IgG), sodass das Bakterium vom Immunsystem des Wirts nicht als Fremdkörper erkannt wird. Dadurch verhindert Protein A letztlich die Phagozytose durch Phagozyten und Makrophagen. Des Weiteren ist das Zusammenspiel von Plasmakoagulase und dem Clumping-Faktor A ein signifikanter Pathogenitätsfaktor von *S. aureus*. Der Clumping-Faktor A (ClF A) ist ein Fibrinogenrezeptor, der Fibrinogen bindet und gleichzeitig durch Aktivierung von Fibrin eine Verklumpung von Plasma hervorrufen kann.[20] Die Plasmakoagulase zählt zu den extrazellulär abgegebenen Stoffen, die *S. aureus*-Stämme produzieren können, um dem Erreger zum Überleben, zur Vermehrung und zum Schutz gegen den Wirtsorganismus zu

---

[15] (STARK, D. m., IMHOF, D. m., & SCHNEEMANN, D. m. (2014). *Staphylococcus aureus-Bakteriämie.* Bern: CME. S. 2)
[16] (vgl. SCHOLZ, S. (2009). *MRSA-Screening mittels nasaler Abstriche bei Patienten nach Kontakt zu MRSA-Patienten.* Universität Regensburg. S. 13)
[17] (vgl. GOLL, 2008, S. 3 f.)
[18] (KÖHLER u.a., 2001, S. 8)
[19] (vgl. KÖHLER u.a., 2001, S. 8)
[20] (vgl. KÖHLER u.a., 2001, S. 251)

verhelfen. Die Koagulase verbindet sich mit menschlichem Prothrombin (Gerinnungsfaktor) zum sogenannten Staphthrombin, welches anschließend, das vom Clumping-Faktor A gebundene, Fibrinogen zu Fibrin aktiviert. Durch die gebildeten Fibrinmoleküle entsteht ein Fibrin-Schutzwall um die *S. aureus*-Zellen im Gewebe. Dort können sich die Staphylokokken ungestört vermehren, ohne vom Immunsystem des Menschen angegriffen zu werden. Anschließend wird der Schutz durch die, von den identischen *S. aureus* produzierte, Staphylokinase aufgelöst, wodurch sich die vermehrten Zellen im Gewebe des Körpers ausbreiten können.[21]

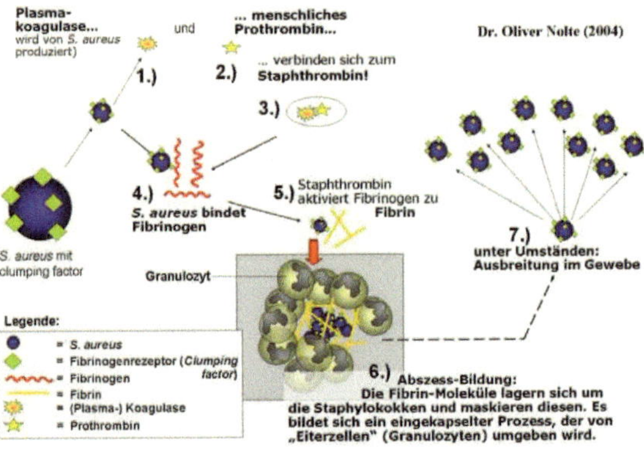

Abb. 1: Zusammenspiel von Clumping-Faktor A und Plasmakoagulase bei der Abszess-Bildung durch *Staphylococcus aureus* [22]

Zudem bildet *S. aureus* diverse Toxine, wie Leukozidin. Es erleichtert die Vervielfachung der Erreger, da es eine schädigende Wirkung auf Granulozyten und Makrophagen des Abwehrsystems des Menschen hat. *S. aureus* erzeugt des Weiteren Enterotoxine, die sehr hitzebeständig sind und für den Menschen schädlich sein können (Enterotoxine A und B). Enterotoxinen wird ebenso nachgesagt, das Toxic-Shock-Syndrom auslösen zu können. Dieses wird allerdings häufiger durch das Toxic-Shock-Syndrom Toxin 1 hervorgerufen und kann *S. aureus*-bedingte Erkrankungen implizieren. Zuletzt produziert *S. aureus* Hämolysine, welche eine Auflösung von Erythrozyten bewirken.[23]

---

[21] (vgl. KÖHLER u.a., 2001, S. 252)

[22] (NOLTE, D. O. (16. September 2005). *Entstehung von Abszessen und Furunkel.* Abgerufen am 22. Oktober 2014 von: http://www.autovaccine.de/ND/abscess.html)

[23] (vgl. KÖHLER u.a., 2001, S. 252 f.)

2.5 Erkrankungen und Infektionen

Die Folgen der oben genannten Pathogenitätsfaktoren und Toxine lassen sich in zwei Gruppen aufteilen: Eitrige Infektionen und toxinbedingte Erkrankungen.

Tabelle 1: Durch *S. aureus* verursachte Krankheitsbilder modifiziert nach Linde und Lehn[24]

Gruppe 1: Eitrige Infektionen	Haut- und Weichteilinfektionen, Impetigo, Abszesse, Furunkel Osteomyelitis (Entzündung des Knochenmarks) Pneumonie (Lungenentzündung) Sepsis (Blutvergiftung) Fremdkörperassoziierte Infektionen
Gruppe 2: Toxinbedingte Erkrankungen	„Toxic-Shock"-Syndrom Bullöse Impetigo (Hautentzündung) „Staphylococcal Scalded Skin"-Syndrom Wiederkehrende Abszesse Lebensmittelvergiftung

2.6 Methicillin-resistenter *Staphylococcus aureus* (MRSA)

Bereits ein Jahr nach der Entdeckung von Penicillin wurde die erste Resistenzentwicklung von *S. aureus* gegen Methicillin beobachtet. Obwohl dieses Antibiotikum mittlerweile keinen Gebrauch mehr findet, bezeichnet der Name „Methicillin-resistente *Staphylococcus aureus*" Isolate der Bakterienart *S. aureus*[25], welche Resistenzen gegen fast alle β-Lactam-Antibiotika aufweisen.[26] Unter β-Lactam-Antibiotika versteht man alle Antibiotika, die den typischen viereckigen β- Lactam-Ring aufweisen, u.a. Penicillin.[27] Heutzutage spricht man zunehmend von Oxacillin-resistenten *S. aureus* (ORSA), da sich das Antibiotikum Oxacillin sehr gut als Testsubstanz eignet.[28] Aufgrund der Resistenz gegen

---

[24] (vgl. LINDE, H., & LEHN, N. (2004). *Methicillin-resistenter Staphylococcus aureus (MRSA - Diagnostik)*. Regensburg.S. 1)

[25] (vgl. SCHMIDT, S. (Dezember 2007). *MRSA*. Abgerufen am 14. Oktober 2014 von Thieme RÖMPP: https://roempp.thieme.de/roempp4.0/do/data/RD-13-04042?update=true)

[26] (vgl. SCHÖFER u.a., 2011, S. 4)

[27] (vgl. DIETRICH, D. J. (7. März 2012). *Beta-Laktam-Antibiotikum*. Abgerufen am 14. Oktober 2014 von DocCheck Flexikon: http://flexikon.doccheck.com/de/Beta-Laktam-Antibiotikum)

[28] (vgl. KAISER, 2005, S. 13 f.)

mehrere Antibiotika mit einer ähnlichen chemischen Struktur und Wirkmechanismus spricht man auch von einer Kreuzresistenz. [29] Da einige MRSA-Stämme auch gegen andere Antibiotikagruppen bzw. nicht-β-Lactam-Antibiotika (z.B. Gyrasehemmer, Aminoglykoside) resistent sind, bezeichnet man diese auch als multiresistent.[30] Ursache für die häufige Entwicklung von Antibiotikaresistenzen ist vor allem der arglose Einsatz von Antibiotika „zur Prävention und Behandlung selbst harmloser Infektionskrankheiten"[31]. Diese Antibiotika töten zwar die meisten Erreger ab, einige überleben jedoch aufgrund einer durch „Gewöhnung, Selektion oder Mutation erworbene[n] [...] Unempfindlichkeit"[32] auf bestimmte Antibiotika. Auch die übermäßige Verwendung von Antibiotika im Futter in der Massentierhaltung gilt als Auslöser zur Ausbildung von Resistenzen. [33] Allein im Jahr 2012 wurden insgesamt 1620 Tonnen Antibiotika in der Tiermast eingesetzt,[34] die durch den Fleischverzehr in den menschlichen Organismus gelangen und Resistenzen ausbilden können.

2.6.1 Resistenzmechanismus

Die klassische Methicillin- bzw. Oxacillinresistenz ist auf das mecA-Gen zurückzuführen, welches den Mechanismus kodiert. Ist das mecA-Gen vorhanden, liegt in der Regel eine Resistenz gegen diverse β-Lactam-Antibiotika vor. [35] Das Gen befindet sich auf dem sogenannten *Staphylococcus* casette chromosome mec-Element (SCCmec), ein mobiles, genetisches Element, welches wiederum ein DNA-Fragment ist, das auf dem Chromosom von *S. aureus* liegt. Das mecA-Gen stellt das Strukturgen für die Synthese des Penicillinbindeproteins PbB2' (=PBP2a) dar, welches eine geringe Affinität gegenüber β-Lactam-Antibiotika aufweist. Diese PBPs können β-Lactam-Antibiotika binden, wodurch der Angriff der Antibiotika auf die Zellwand des Bakteriums verhindert wird. Somit kann *S.*

---

[29] (vgl. ANTWERPES, D. F. (2. April 2014). *Antibiotikaresistenz*. Abgerufen am 14. Oktober 2014 von www.flexikon.doccheck.com: http://flexikon.doccheck.com/de/index.php?title=Antibiotikaresistenz&action=history)

[30] (vgl. WINTER-EMDEN, J. A. (2008). *Molekulare Epidemiologie von Methicillin-resistenten Staphylococcus aureus (MRSA)*. Filderstadt. S. 6)

[31] (GÄNZLE, M. (Oktober 2002). *Antibiotika-Resistenz*. Abgerufen am 28. Oktober 2014 von Thieme RÖMPP: https://roempp.thieme.de/roempp4.0/do/data/RD-01-02735?update=true&update=true&update=true)

[32] (GÄNZLE, 2002)

[33] (vgl. GÄNZLE, 2002)

[34] (vgl. DEUTSCHLANDFUNK. (19. November 2013). *Neuer Aktionsplan vorgestellt*. Abgerufen am 29. Oktober 2014 von: http://www.deutschlandfunk.de/antibiotika-resistenzen-neuer-aktionsplan-vorgestellt.697.de.html?dram:article_id=269447)

[35] (vgl. WINTER-EMDEN, 2008, S. 5)

aureus, selbst in Anwesenheit von β-Lactam-Antibiotika ungehindert mit dem Aufbau der Zellwand fortfahren.[36] Zudem gibt es noch weitere Faktoren, welche, unabhängig von der Existenz des mecA-Gens, die Methicillin-Resistenz beeinflussen. Es befinden sich mehrere „chromosomale Gene an unterschiedlichen Stellen des *Staphylococcus*-Chromosoms […], deren Inaktivierung durch Transposonmutagenese eine Reduktion der Methicillin-Resistenz zur Folge hatte."[37] Diese ausgeschalteten Gene sind bekannt als „fem (factors essential for methicillin resistance) Faktoren" und bewirken letztendlich die maximale Ausprägung der Antibiotikaresistenz.[38]

2.6.2 Kolonisation, Risikofaktoren und Übertragung von MRSA

Wie auch bei nicht-resistenten *S. aureus*-Erregern lassen sich Methicillin-resistente *S. aureus* hauptsächlich auf den Schleimhäuten der Nase, aber auch in Wunden, im Rachen, auf der Leiste und am Perineum finden. Die Risikofaktoren für MRSA sind ähnlich mit denen von Methicillin-sensiblen *S. aureus* (MSSA): u.a. das Männliche Geschlecht, ein hohes Alter, (längere) Krankenhausaufenthalte, ein schwaches Immunsystem oder Hautwunden begünstigen die Besiedelung von MRSA-Erregern, sowie MRSA-bedingte Infektionen erheblich. Der Übertragungsweg erfolgt meist über den direkten Kontakt eines mit MRSA besiedelten Patienten mit anderen Menschen, vor allem mit Personal im Krankenhaus. Diese dienen als Vektor, die die Keime auf andere Patienten übertragen, welche womöglich den oben genannten Risikogruppen entsprechen.[39] Zudem sind MRSA-Keime häufig auf Gegenständen oder Türklinken zu finden, da sie sehr gut auf Plastikmaterialien und Edelstahllegierungen, wie z.B. Kathetern haften. Des Weiteren ist eine Ansteckung durch den Kontakt mit besiedelten Nutztieren möglich.[40]

2.6.3 Gefahr und Ausbreitung

Seit der Entdeckung von Methicillin-resistenten *Staphylococcus aureus* ist die Häufigkeit an MRSA-Erregern, in Folge des Vermehrten Einsatzes von Antibiotika, zunächst stetig angestiegen. MRSA-bedingte Infektionen sind zudem

---

[36] (vgl. KAISER, 2005, S. 14)
[37] (WINTER-EMDEN, 2008, S. 6)
[38] (vgl. WINTER-EMDEN, 2008, S. 6)
[39] (vgl. GOLL, 2008, S. 10 f.)
[40] (vgl. BUNDESZENTRALE FÜR GESUNDHEITLICHE AUFKLÄRUNG. (2014). *MRSA: Informationen über Krankheitserreger beim Menschen - Hygiene schützt!* Köln. S. 1)

aufgrund der schwierigen Behandlung sehr problematisch und haben unter anderem eine steigende Mortalität zur Folge. So waren „im Jahr 2005 50% aller nosokomialen Infektionen und 20.000 Todesfälle in den USA auf MRSA zurückzuführen"[41], welche damit deutlich vor HIV-Infektionen unter ausgewählten infektiösen Todesursachen in den USA liegen.[42] In Deutschland treten jährlich ca. 55.000 Krankenhausinfektionen auf, die durch *S. aureus*-Erreger hervorgerufen werden. Davon sind ungefähr 14.000 auf MRSA zurückzuführen.[43] Generell ist der Anteil von MRSA-Keimen an *S. aureus*-Isolaten in Deutschland, Österreich und Schweiz nach Daten aus den Resistenzstudien der Arbeitsgemeinschaft „Empfindlichkeitsprüfung und Resistenz" der Paul-Ehrlich-Gesellschaft (PEG) in den Jahren 1990 bis 2007 von 1,7% auf 20,3% angestiegen und wird als problematisch bezeichnet.[44]

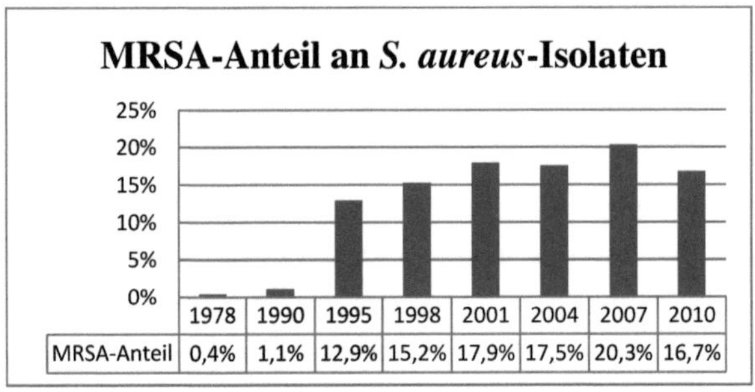

Abb. 2: MRSA-Anteil an *S. aureus*-Isolaten in Deutschland, Österreich
und Schweiz nach der PEG-Resistenzstudie 2010[45]

Die PEG führt seit 1975 Studien zu Resistenzhäufigkeiten bei wichtigen Erregern nosokomialer Infektionen durch, so auch bei *S. aureus*-Isolaten. Dabei werden Daten und Ergebnisse aus 20-30 ausgewählten Laboren aus Deutschland, Österreich und Schweiz ausgewertet.[46] Erfreulicherweise lässt sich der Resistenzstudie im Jahr 2010 eine MRSA-Abnahme um 3,6% entnehmen.

---

[41] (SCHÄFER, 2010, S. 11)
[42] (vgl. SCHÄFER, 2010, S. 11)
[43] (vgl. INSTITUT FÜR HYGIENE UND UMWELTMEDIZIN. (o.J.). *Häufig gestellte Fragen*. Abgerufen
    am 30. Oktober 2014 von: http://hygiene.charite.de/service/haeufig_gestellte_fragen_faq/)
[44] (vgl. KRESKEN, M., HAFNER, D., & KÖRBER-IRRGANG, B. (2010). *PEG-Resistenzstudie -
    Epidemiologie und Resistenzsituation bei klinisch wichtigen Infektionserregern aus dem
    Hospitalbereich gegenüber Antibiotika*. Rheinbach: Paul-Ehrlich-Gesellschaft für Chemotherapie
    e.V. S. 9)
[45] (vgl. KRESKEN, HAFNER, & KÖRBER-IRRGANG, 2010, S. 9 & 17)
[46] (vgl. GASTMEIER, P. (2005). MRSA-Surveillance-Systeme. In M. QUINTEL, & W. WITTE (Hrsg.),
    MRSA - eine interdisziplinäre Herausforderung. Karlsruhe: Pfizer. S. 38-40)

Interessant ist zudem, wie sich die MRSA-Situation im europäischen Raum verhält. Hier überwacht das „European Antimicrobial Resistance Surveillance Network" (EARS-Net) nosokomiale Infektionen, welche unter anderem von MRSA ausgelöst werden. So betrug der Anteil von MRSA an hospitalen *S. aureus* -Infektionen im Jahr 2012 im nordeuropäischen Raum lediglich zwischen 0 und 5%. Jedoch ist zu erwähnen, dass die Zahlen in Finnland und Dänemark, wie auch in den Niederlanden, in den letzten Jahren allmählich gestiegen sind.[47] In Mitteleuropa hält sich die MRSA-Rate relativ konstant zwischen 10 und 25%. Allerdings lassen sich hier im Vergleich zu den Vorjahren unterschiedliche Schwankungen in Zu-und Abnahme vernehmen.[48] Großbritannien gehörte mit einer MRSA-Rate zwischen 25 und 50% im Jahr 2009 noch in dieselbe Kategorie, wie die südeuropäischen Länder (z.B. Portugal, Spanien, Italien, Griechenland). [49] Diese ist dort erfreulicherweise, ähnlich wie in Irland und Spanien, enorm gesunken. Der Anteil der MRSA bedingten Infektionen in Rumänien und Portugal liegt jedoch weiterhin bei über 50%.

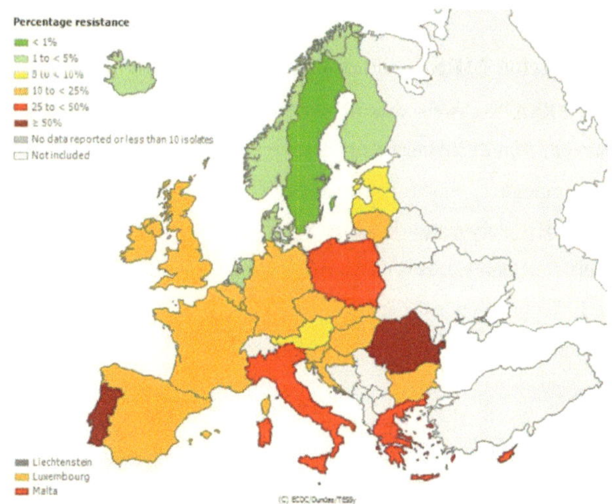

Abb. 3: Anteil von MRSA an nosokomialen *S. aureus*-Infektionen in Europa in 2012[50]

---

[47] (vgl. BLAWAT, K. (30. August 2010). *Bakterien - Die Achse der Resistenzen*. Abgerufen am 14. Oktober 2014 von Sueddeutsche.de: http://www.sueddeutsche.de/wissen/bakterien-die-achse-der-resistenzen-1.990779)

[48] (s. Anhang A.1)

[49] (s. Anhang A.2)

[50] (vgl. EUROPEAN ANTIMICROBIAL RESISTANCE SURVEILLANCE NETWORK. (2013). *Antimicrobial resistance surveillance in Europe 2012*. Stockholm. S. 60)

3. Material und Methode

3.1 Versuchsfrage

Das Kulturverfahren ist die genaueste und verbreiteste Methode zum Nachweis von Methicillin-resistenten *Staphylococcus aureus*. Es besitzt allerdings den großen Schwachpunkt, dass dazu erst eine Bakterienkultur gezüchtet werden muss. Das kostet zum einen Zeit, welche die Patienten bei einer starken Infektion in der Regel nicht haben und zum anderen gilt es, eine Übertragung der Erreger möglichst schnell ausschließen oder bestätigen zu können. Seit der Entdeckung der „polymerase chain reaction" (Polymerase-Kettenreaktion = PCR) hat sich eine neue, schnellere Variante entwickelt, um das Vorhandensein von MRSA-Stämmen bestätigen zu können. Das PCR-basierte Testverfahren ist für mich eine sehr gute Möglichkeit, um zu versuchen, MRSA nachzuweisen.

Die Isolierung der DNA, sowie die PCR wurden in den Räumlichkeiten der Mikrobiologischen Fakultät der LMU München unter der Aufsicht von PD Dr. Ralf Heermann und Angela Gläser durchgeführt.

3.2 GenoQuick® MRSA-Kit von Hain Lifescience

Um einen MRSA-Nachweis durchführen zu können, wurde das GenoQuick® MRSA-Kit von Hain Lifescience für den Preis von 54€ netto erworben. Dieser Schnelltest ermöglicht einen Direktnachweis MRSA aus Humanproben.[51] Er basiert auf der Polymerase-Kettenreaktion und liefert somit bereits nach zweieinhalb Stunden ein zuverlässiges Ergebnis. Der Inhalt des Kits für 12 mögliche Testungen, sowie die erforderlichen Laborgeräte und Hilfsmittel sind im Folgenden aufgelistet:

---

[51] (vgl. HAIN LIFESCIENCE. (o.J.a). *GenoQuick MRSA*. Abgerufen am 14. Oktober 2014 von Hain
Lifescience: http://www.hain-lifescience.de/produkte/mikrobiologie/mrsa/genoquick-mrsa.html)

Tabelle 2: Inhalt des GenoQuick® MRSA-Kits und benötigte Laborgeräte,
Hilfsmittel und Substanzen

GenoQuick® MRSA-Kit von Hain Lifescience	Erforderliche Laborgeräte, Hilfsmittel und Substanzen
12 Teststreifen beschichtet mit spezifischen Sonden [DS GQ MRSA]	24 Multi-Ultra PCR-Tubes
4ml Primer-Nukleotid-Mix [PNM GQ MRSA]; enthält spezifische Oligonukleotide, Nukleotide und Farbstoff	Pipetten (variabel im Bereich bis 10, 20, 200 und 1000 µl) mit sterilen Spitzen
40ml Lysispuffer [Q-LYS]; enthält 1,5% anionisches Tensid, Farbstoff	Thermoblock
1ml Wasser [H_2O]	Thermocycler
16ml Laufpuffer [RB]; (enthält Puffersubstanz, <1% NaCl, <1% anionisches Tensid)	Einmal-Handschuhe + Zeitmesser
0,1ml Positivkontroll-DNA [C+ GQ MRSA]	FastStart Taq DNA-Polymerase der Fa. Roche Diagnostics
Eine Laufstation mit 96 Röhrchen	25mM $MgCl_2$-Lösung
Arbeitsanleitung + Auswertungsbogen	20mM 10x PCR-Buffer

3.3 Durchführung des PCR-Nachweises von MRSA

Die Polymerase Chain Reaction (PCR) ist bisher eine der prägendsten
Erfindungen im Bereich der Mikrobiologie. Im Jahre 1983 erfand der US-
amerikanische Chemiker Kary Mullis das Prinzip der Polymerase-Kettenreaktion,
wofür er 1993 den Nobelpreis für Chemie erhielt. Mit dieser Methode lassen sich
sehr kleine, definierte Abschnitte eines DNA-Strangs exponentiell vervielfältigen,
indem der DNA-Doppelstrang zunächst aufgetrennt wird und anschließend der
festgelegte Genbereich mit komplementären Nukleotiden ergänzt wird. Dieser
Prozess wird mehrfach wiederholt, sodass millionenfache identische Kopien des
markierten Genabschnitts entstehen. Diese Produkte lassen sich im Labor ideal
untersuchen, wodurch man zum Beispiel die Basenfolge bestimmen

(=sequenzieren) kann, was vor allem hilfreich in der Medizin ist, z.B. beim Nachweis von Methicillin-resistenten *Staphylococcus aureus*-Erregern.[52]

3.3.1 Testkonzept zum Direktnachweis von MRSA aus Probenmaterial

Wie bereits erläutert, ist das mecA-Gen bzw. dessen Syntheseprodukt PBP2a ausschlaggebend für eine bestehende Resistenz gegenüber diversen Antibiotika und wurde deswegen bei der klassischen PCR zum Nachweis von MRSA häufig als Marker verwendet und millionenfach vervielfältigt. Jedoch liegt dieses Gen sowohl bei Koagulase-negativen, als auch bei Koagulase-positiven Staphylokokken vor, was einen spezifischen Nachweis von MRSA durch die Anwesenheit des mecA-Gens deutlich erschwert:[53] Bei einer Mischkolonisation beider Arten am Abstrichort könnten somit DNA von *S. aureus*-Organismen und „das mecA-Gen aus den Methicillin-resistenten Koagulase-negativen Staphylokokken nebeneinander vorkommen"[54]. Dadurch könnte ein positives Testergebnis sowohl für *S. aureus*, als auch für das mecA-Gen vorliegen, was fälschlicherweise auf MRSA schlussfolgern würde.

Eine Lösung zum Direktnachweis von MRSA lieferte die Gruppe von Huletsky et al.[55] erst im Jahr 2001, was die Neuartigkeit dieses Konzepts verdeutlicht. Bedeutend dafür ist die SCCmec-Kassette als Sequenzelement, welche unter anderem das mecA-Gen beinhaltet. Dieses SCCmec-Element befindet sich immer neben einem *S. aureus*-spezifischen Genabschnitt, welcher als orfX bezeichnet wird. [56] In dem Übergangsbereich zwischen der SCCmec und das orfX besteht nun die Möglichkeit, eine PCR durchzuführen, welche gleichzeitig die Kassette mit mecA-Gen und das *S. aureus*-spezifische orfX vervielfältigt. Da beide nachzuweisenden Elemente direkt nebeneinander liegen, findet die PCR demnach nur an einem „Ort" (= single locus-PCR) statt. Bei einer Multiple loci-PCR müsste man das mecA-Gen und das *S. aureus*-spezifische Gen getrennt nachweisen, welche entfernt voneinander auf dem Genom liegen.[57]

---

[52] (vgl. ROCHE. (o.J.). *PCR: Eine ausgezeichnete Methode.* Abgerufen am 14. Oktober 2014 von Roche in Deutschland: www.roche.com/pcr_d.pdf. S. 2)

[53] (vgl. ROBERT KOCH-INSTITUT. (2005). *Epidemiologisches Bulletin Nr. 42.* Berlin. S. 388)

[54] (vgl. BETCHER, O. (2009). *Systematische Evaluierung von vier unterschiedlichen Real-Time-PCR-Nachweisverfahren für Methicillin-resistente Staphylococcus aureus (MRSA) im Vergleich zu modernen kulturellen Nachweisverfahren.* Universität Regensburg. S. 23)

[55] (vgl. ROBERT KOCH-INSTITUT, 2005, S. 388)

[56] (vgl. BETCHER, 2009, S. 23)

[57] (vgl. DR. STEIN + KOLLEGEN. (2010). *Labor aktuell: MRSA Diagnostik.* Mönchengladbach. S. 1)

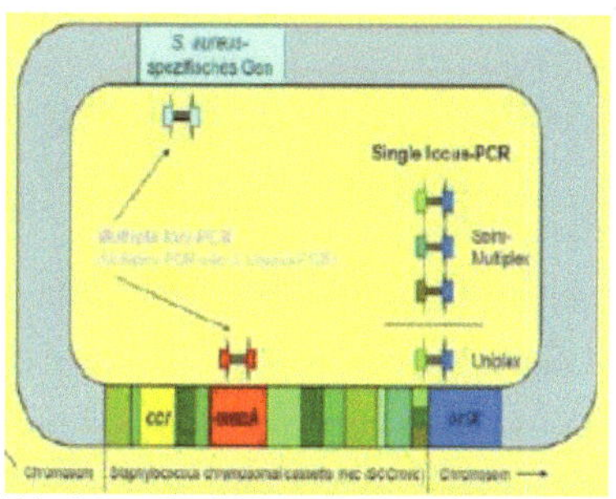

Abb. 4: Lage des SCCmec-Elemts und orfX-
Genabschnitts mit Vergleich von
Multiple loci-PCR und Single locus-PCR[58]

Allerdings bringt eine Single locus-PCR zum Nachweis von MRSA auch einen Nachteil mit sich: Sie kann nur den Übergangsbereich zwischen SCCmec und orfX nachweisen, jedoch nicht das mecA-Gen selbst, die Ursache der Methicillin-Resistenz. Die PCR würde demnach als Testergebnis positives MRSA liefern, selbst wenn dieses Gen zum Beispiel durch Mutation aus der SCCmec Kassette entfernt wurde und kein PBP2a vorliegt, das eine Antibiotika-Resistenz verursacht.[59]

Zusammenfassend lässt sich sagen, dass die zuvor genannten Probleme bei der klassischen MRSA-PCR durch das neue System, den Nachweis des SCCmec-orfX-Übergangs, behoben worden sind. Jedoch ist es empfehlenswert nach einer positiven PCR zusätzlich einen Kulturnachweis durchzuführen, um die Antibiotika-Resistenz bestätigen zu können.

3.3.2 Testpersonenauswahl

Die Testproben stammen von insgesamt zwölf unterschiedlichen, freiwilligen Probanden. Hierzu wurden Personen aus meinem persönlichen Umfeld gewählt. Es ist zu erwähnen, dass sich darunter eine Person aus Mexiko, ein Auszubildender zum Krankenpfleger, eine Person, die bereits direkten Kontakt mit einem MRSA-Patienten hatte, eine Testperson, die viele Jahre lang in der Lebensmittelkontrolle gearbeitet hat, sowie ein Proband, welcher im Labor und Krankenhaus gearbeitet hat, befanden. Somit werden auch Menschen untersucht,

---

[58] (vgl. DR. STEIN + KOLLEGEN, 2010, S. 1)
[59] (vgl. ROBERT KOCH-INSTITUT, 2005, S. 388)

die einem erhöhten Risiko ausgesetzt waren, Träger von MRSA zu werden bzw. mit Mexiko aus einem Land zu stammen, in dem die Hygienemaßnahmen im Krankenhaus wesentlich schlechter sein dürften als in Deutschland.

3.3.3 Probenentnahme, Transport und Lagerung

Alle Proben wurden maximal 72h vor der PCR-Durchführung entnommen. Zur Entnahme der Abstrichproben wurden transystem® -Watteabstrichtupfer von Hain Lifescience verwendet. Dabei handelt es sich um sterile Abstrich- und Transportsysteme mit Watteträger. Zudem enthalten die Tupfer ein Amies Agar-Gel-Medium, welches den Watteträger luftdicht umschließt und somit ein Austrocknen der Testprobe verhindert. Zudem unterstützt die spezielle „Sanduhr"-Form des Transportröhrchens die Stabilität des Agar-Gels und unterbindet somit eine mögliche Blasenbildung beim Einführen des Watteträgers in das Röhrchen.[60] Diese Watteträger mit Röhrchen wurden von der Kinderarzt-Praxis von Dr. med. S. H. in Haar zur Verfügung gestellt.

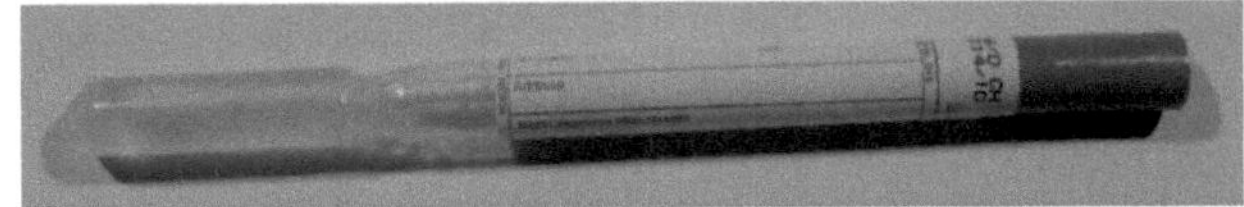

Abb. 5: transystem® mit Amies Agar-Gel-Medium

Wie bereits erläutert, ist der Nasenvorhof ein günstiger Ort zur Entnahme von Proben, da dort *S. aureus*-Erreger aufgrund des salzigen Milieus vermehrt auftreten. Da es allerdings auch Ausnahmen gibt, ist es empfehlenswert zwei oder mehrere Abstrichorte miteinander zu kombinieren und somit zum Beispiel mit einem Tupfer den Rachen, den Nasenvorhof und anschließend die Leistengegend abzutasten.[61]

---

[60] (vgl. HAIN LIFESCIENCE. (o.J.b). *transystem® -Watteabstrichtupfer für mikrobiologische Untersuchungen.* Abgerufen am 20. Oktober 2014 von Hain Lifescience: http://www.hain-lifescience.de/produkte/abstrich--und-transportsysteme/transystem.html)
[61] (vgl. BETCHER, 2009, S. 15 f.)

Das nachfolgende Diagramm gibt einen Überblick über die Abstrichorte:

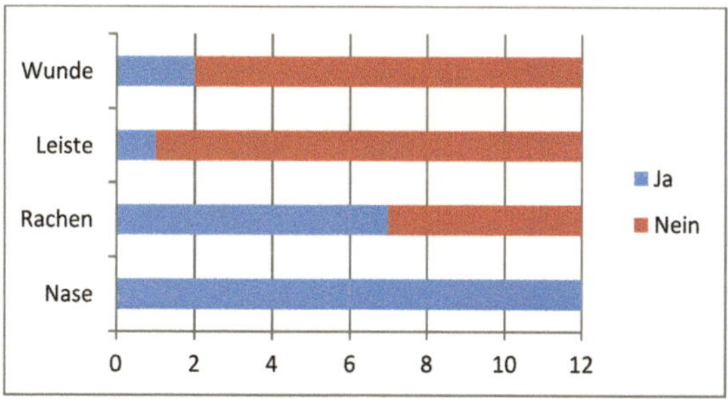

Abb. 6: Übersicht über die Abstrichorte der Testpersonen

Die Probanden wurden vor der Entnahme ausreichend über den Versuch aufgeklärt und haben ihr Einverständnis gegeben. Gemäß Anweisung von Dr. med. Steffen Hofmann-Baldus wurden die Watteträger bei dem Nasenabstrich ca. 1 cm in das linke Nasenloch eingeführt und damit ungefähr fünfmal an der vorderen Nasenwand entlang gefahren. Anschließend wurde dieser Vorgang im rechten Nasenloch wiederholt. Wichtig ist zudem, dass jede Probe mit dem jeweiligen Namen der Person beschriftet wurde und eine Nummer von 1 bis 12 zugeteilt bekam. Nach erfolgreicher Entnahme der Proben, wurden diese in einem speziell eingerichteten Kühlschrank aufbewahrt. In diesem Zustand sind sie bis zu fünf Tage lang bearbeitbar.[62] Dabei ist zu beachten, dass sie möglichst außer Reichweite von fremder DNA sind, da dies Auswirkungen auf die Ergebnisse haben könnte.

3.3.4 DNA-Isolierung

Die Abstrichproben stellten das Ausgangsmaterial für die DNA-Isolierung dar. Hierzu wurden zunächst je 300µl Lysispuffer [Q-LYS, gelb] in zwölf unterschiedliche Mµlti-Ultra PCR-Tubes mithilfe der 1000µl Pipette gegeben. Diese PCR-Gefäße wurden mit den zugehörigen Nummern 1 bis 12 beschriftet. Anschließend wurden die Abstrichtupfer in ihrem jeweiligen Gefäß gründlich ausgewaschen, sodass die DNA in den Lysispuffer übergeht.[63] Da bei der DNA-Isolierung das genetische Material aus der Zelle entnommen wird, muss diese zunächst zerstört werden. Der Lysispuffer unterstützt dabei das Brechen der

---

[62] (vgl. BETCHER, 2009, S. 18)
[63] (vgl. HAIN LIFESCIENCE. (o.J.c). GenoQuick®-MRSA: Abarbeitungsvorlage. Nehren. S. 1)

Zellmembran durch die in ihm enthaltenen Enzyme und Salze. Die Watteträger konnten nun verworfen werden. Nachdem die PCR-Tubes fest verschlossen wurden, wurden diese bei 95°C im vorgeheizten Thermoblock inkubiert. Nach 10 Minuten wurden die Gefäße in eine Standard-Tischzentrifuge überführt, in der sie für 5 Minuten bei mindestens 10.000g zentrifugiert wurden[64], um unter anderem überflüssige Zelltrümmer zu entfernen. Im Anschluss wurde der Überstand der zwölf Proben in neue, beschriftete PCR-Tubes pipettiert. [65]

3.3.5 PCR – Polymerase Kettenreaktion

3.3.5.1 Komponenten der PCR

Für die Durchführung einer PCR sind diverse Komponenten nötig. Zunächst benötigt man zum Reaktionsstart der PCR bzw. Amplifikation zwei kurze DNA-Stücke, sogenannte Oligodesoxynukleotid-Primer, welche aus ungefähr 15 bis 30 Nukleotiden bestehen sollten. [66] Dieses Primerpaar bestimmt die Startpunkte der DNA-Synthese auf den beiden aufgetrennten Einzelsträngen und zeigt somit, wo die Nukleotide angesetzt werden. Die Primer und die einzelnen Nukleotid-Bausteine (Adenin, Cytosin, Guanin und Thymin) sind im Primer-Nukleotid-Mix enthalten. Die genaue Zusammensetzung bzw. Länge der Primer und somit auch die Länge der entstehenden DNA-Produkte ist mir nicht bekannt, da diese Information von Hain Lifescience nicht freigegeben werden konnte. Des Weiteren ist ein sehr hitzestabiles Enzym nötig, um den von den Primern festgelegten Bereich vervielfältigen zu können. Dieses Enzym nennt man (DNA-) Polymerase, in diesem Fall die Taq-Polymerase.[67] Zudem braucht man (10x-)PCR-Puffer, um chemische und physiologische Verhältnisse zu schaffen, die für die Polymerase optimal sind. Zuletzt sind Magnesium-Ionen (Mg^{2+}) unverzichtbar für die Wirkungsweisen der DNA-Polymerase.[68]

[64] (vgl. HAIN LIFESCIENCE, o.J.c, S. 1)
[65] (vgl. HAIN LIFESCIENCE, o.J.c, S. 1)
[66] (vgl. GÖTTFERT, M. (August 2010). *polymerase chain reaction*. Abgerufen am 16. Oktober 2014 von Thieme RÖMPP: https://roempp.thieme.de/roempp4.0/do/data/RD-16-03370)
[67] (vgl. HAIN LIFESCIENCE. (o.J.f). Die Polymerase-Kettenreaktion (PCR) - Grundlage für die medizinische Diagnostik. Nehren.S. 2)
[68] (vgl. HAIN LIFESCIENCE, o.J.f, S. 2)

3.3.5.2 Amplifikationsansatz

Aus Qualitäts- und Praktikabilitätsgründen wurde ein großer Master-Mix anstatt von zwölf einzelnen Mixen angesetzt. Hierzu mussten zunächst die Mengenangaben der Komponenten in der Abarbeitungsvorlage mit der Anzahl der Proben (zuzüglich der Positivkontroll-DNA) multipliziert werden. Da erfahrungsgemäß immer eine geringe Menge beim Pipettieren verloren geht, sollte die 17-fache Menge Master-Mix hergestellt werden. Allerdings war nicht genug 10x-PCR-Puffer im Kit vorhanden, sodass lediglich die 14-fache Menge produziert werden konnte.

Tabelle 3: Mengenangaben der PCR-Komponenten zur Amplifikation

Komponenten	1-fache Menge in µl	17-fache Menge in µl	**14-fache Menge in µl**	verwendete Pipette
10x-PCR-Puffer	5	85	**70**	200µl
$MgCl_2$	0,5	8,5	**7**	10µl
H_2O	4,5	76,5	**63**	200µl
PN-Mix	35	595	**490**	1000µl
Taq-Polymerase	0,3	5,1	**4,2**	10µl

Die Materialien wurden nun in der angegebenen Menge in ein PCR-Gefäß pipettiert und gemischt. Anschließend wurde der Master-Mix zu je 45µl auf unterschiedliche PCR-Tubes aliquotiert bzw. verteilt. Die Menge reicht für genau zwölf Gefäße. Da jedoch inklusive der Positivkontrolle 13 Proben vorhanden wären, ist die Probe Nummer 10 nicht weiter ausgewertet worden. Nun wurden je 5µl des Lysats mit DNA mit der 10µl-Pipette in ein PCR-Gefäß pipettiert. [69] Nach „Zugabe der im gelben Lysispuffer extrahierten DNA"[70] ist ein Farbumschlag des Amplifikationsansatzes von pink ins rötliche zu beobachten.

3.3.5.3 PCR-Prozess

Nun folgt der eigentliche PCR-Prozess. Hierzu wird der fertige Amplifikationsansatz in den Thermocycler gestellt und das spezifische Programm gestartet:

---

[69] (vgl. HAIN LIFESCIENCE, o.J.c, S. 2)
[70] (vgl. HAIN LIFESCIENCE. (o.J.d). GenoQuick®-MRSA: Packungsbeilage. Nehren. S. 6)

Tabelle 4: Thermocycler-Programm nach Packungsbeilage von Hain Lifescience

95°C	95°C	58°C	95°C	53°C	70°C	95°C	20°C	8°C
5min	30sec	2min	25sec	30sec	30sec	2min	5min	Hold
1 Zyklus	10 Zyklen		30 Zyklen			1 Zyklus		∞

Vergleicht man dieses Programm mit dem Standard-PCR-Protokoll, so kann man Unterschiede in Zyklenanzahl und Protokollschritten feststellen:

Tabelle 5: Standard-Thermocycler-Programm[71]

94°C	94°C	55°C	72°C	72°C	4°C
5min	30sec	30sec	90sec	5min	Hold
1 Zyklus	30 Zyklen			1 Zyklus	∞

Da mir allerdings weder die genaue Primer-Zusammensetzung, noch die erwartete Produktlänge bekannt sind, gehe ich davon aus, dass das spezifische Programm genau auf diese Faktoren abgestimmt ist. Die Einstellungen des vorgegebenen Protokolls sind somit für mich kaum nachvollzieh- und erklärbar. Die drei Schritte der Polymerase-Kettenreaktion, welche sich immer wieder in einem Zyklus wiederholen, lassen sich also leichter und verständlicher anhand des Standardprotokolls erläutern:

1. Denaturierung

In diesem Schritt wird die Temperatur der Reaktionslösung auf ca. 95°C erhitzt, sodass die Nukleotide zerfallen, die Polymerase denaturiert wird und sich die beiden Einzelstränge der DNA letztendlich

Abb. 7: Denaturierung[72]

voneinander trennen.[73] Das geschieht dadurch, da diese hohe Temperatur die Wasserstoffbrücken, welche sich zwischen den komplementären Basen befinden, auflöst.[74]

---

[71] (vgl. MÜLHARDT, C. (2009). Die Polymerase-Kettenreaktion (PCR). In C. MÜLHARDT, *Der Experimentator: Molekularbiologie/Genomics.* Heidelberg: SpektrumAkademischerVerlag. S. 2 f.)
[72] (vgl. HAIN LIFESCIENCE, o.J.f, S. 3)
[73] (vgl. MÜLHARDT, 2009, S. 3)
[74] (vgl. BETCHER, 2009, S. 22)

2. Hybridisierung bzw. Primer-Anlagerung

Damit sich die Primer mit den jeweiligen DNA-Abschnitten verbinden können, muss die Temperatur zunächst auf ca. 55°C herabgesenkt werden. [76] Sie müssen absolut

Abb. 8: Hybridisierung[75]

„komplementär zu den Anfangs- und Endbereichen des zu amplifizierenden DNA-Abschnitts"[77] sein damit eine Anlagerung an den DNA-Einzelsträngen stattfindet.[78]

3. Elongation bzw. Verlängerung

Die Taq-Polymerase wird nun durch einen Temperaturanstieg auf 72°C aktiviert, sodass sie sich an den Primern anlagert und die DNA- Einzelstränge mit weiteren komplementären Nukleotid-Bausteinen zu Doppelsträngen ergänzt.[80]

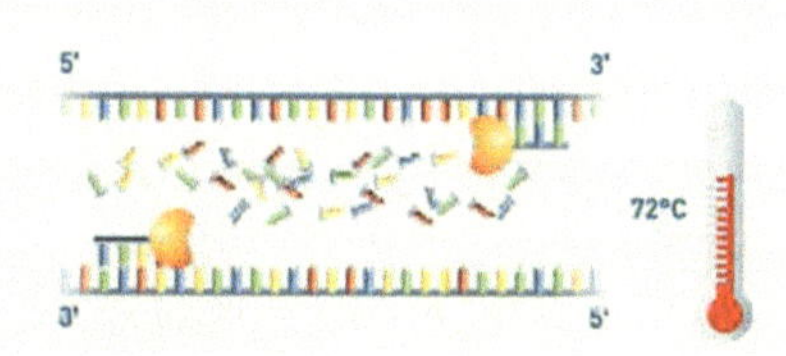

Abb. 9: Elongation[79]

So sind nach dem ersten Zyklus zwei Doppelstränge vorhanden, aus denen im nächsten Durchlauf der drei Schritte vier werden, aus denen acht werden, usw. Bei jedem Zyklus wird demnach die Anzahl an DNA-Molekülen verdoppelt, sodass nach 35 Zyklen bereits über eine Millionen DNS-Abschnitts-Kopien (2^{35}) entstehen.[81]

[75] (vgl. HAIN LIFESCIENCE, o.J.f, S. 3)
[76] (vgl. BETCHER, 2009, S. 22)
[77] (HAIN LIFESCIENCE, o.J.f, S. 3)
[78] (vgl. HAIN LIFESCIENCE, o.J.f, S. 3)
[79] (vgl. HAIN LIFESCIENCE, o.J.f, S. 3)
[80] (vgl. ROCHE, o.J., S. 3)
[81] (vgl. HAIN LIFESCIENCE, o.J.f, S. 3)

3.3.6 Detektion

Nachdem die Amplifikation im Thermocycler durchgeführt worden ist und das PCR-Programm beendet ist, wird nun die Detektion vorbereitet. Hierzu werden zunächst alle Teststreifen „mit einem Bleistift auf dem weißen Beschriftungsfeld"[82] gekennzeichnet und je 100µl Laufpuffer in ein Röhrchen der Laufstation pipettiert. Nun fügt man je 10µl des Amplifikats in ein Röhrchen mit Laufpuffer und durchmischt beide Komponenten durch Auf- und Abpipettieren. Anschließend werden die Teststreifen in ihre zugehörigen Röhrchen gestellt und ca. 10 Minuten stehen gelassen. Nach Ablauf dieser Inkubationszeit werden die Teststreifen aus dem Röhrchen genommen, sodass die Ergebnisse abgelesen, notiert und ausgewertet werden können. [83]

3.4 Agarose-Gelelektrophorese

Aufgrund eines unerwarteten Testergebnisses bei der Positivkontrolle war es zudem sinnvoll, im Anschluss noch eine Agarose-Gelelektrophorese durchzuführen, um den Erfolg der PCR-Reaktion bestätigen zu können. Falls sie korrekt abgelaufen ist, befinden sich nun unzählige identische Kopien eines DNA-Abschnitts in den PCR-Tubes. Anhand der Agarose-Gelelektrophorese lassen sich diese DNA-Fragmente nach ihrer Größe in einer Gelmatrix auftrennen.

Zunächst wurde das Gel hergestellt, indem 1%ige Agarose in TAE-Puffer (TRIS-Acetat-EDTA-Puffer) gelöst wurde. Zum Lösen der Stoffe ist starkes Erhitzen nötig. Die dadurch entstehende feste Agarose „besitzt eine netzähnliche Struktur mit gleichmäßigen molekularen Hohlräumen"[84], deren Größe je nach Agarose-Konzentration variieren kann. Das Gel wird nun in eine Elektrophoresekammer gegeben, welche sowohl einen positiven als auch einen negativen Pol besitzt. Da die DNA-Moleküle aufgrund der negativ geladenen Phosphatgruppe ebenfalls negativ geladen sind, wandern diese „abhängig von ihrer Größe mit konstanter Geschwindigkeit [durch die erwähnten Poren] zur Anode"[85]. Daraus lässt sich schließen, dass sich kleinere Moleküle schneller im elektrischen Feld bewegen als große Moleküle, die durch die Netzstruktur behindert werden.

---

[82] (HAIN LIFESCIENCE, o.J.d, S. 7)
[83] (vgl. HAIN LIFESCIENCE, o.J.d, S. 7)
[84] (HENN-SAX, D. M. (o.J.). *Methode: Gel-Elektrophorese*. Abgerufen am 22. Oktober 2014 von: https://www.abiweb.de/biologie-molekularbiologie-genetik/methoden-der-gen-und-reproduktionstechnik/klonierung/methode-gel-elektrophorese.html)
[85] (HENN-SAX, o.J.)

Vor dem Auftragen der Proben in die Probentaschen im Gel, wurden diese mit Ladepuffer vermischt, welcher Bromphenolblau enthält. Da DNA farblos ist, wird dieser Farbstoff benötigt, um die Lauffront der Moleküle anzeigen zu können. Zudem wurden sie mit 0,015%igem Ethidiumbromid versetzt, welches sich in die Helixstruktur der DNA einlagert und unter UV-Licht sichtbar ist. Nachdem die DNA-Proben in die Probentaschen pipettiert wurden, wurde das Gel für 35 Minuten bei 110 Volt laufen gelassen.[86]

3.5 Auswertung und Interpretation der Ergebnisse

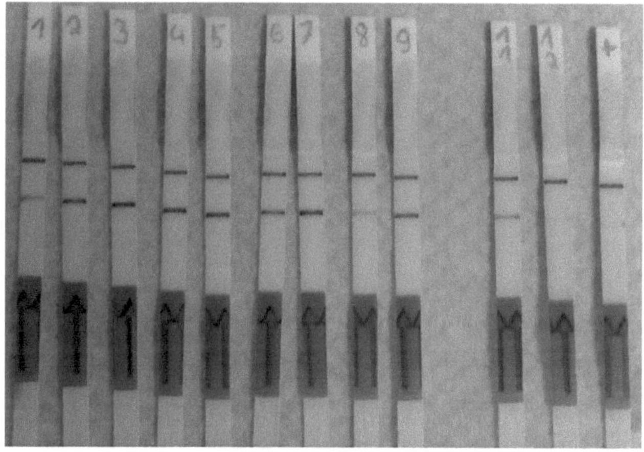

Abb. 10: Ergebnisse der PCR auf den Teststreifen

Bei der Auswertung der Humanproben sind drei wesentliche Zonen auf den Teststreifen zu beachten.

Die Konjugatkontrolle (CC) „dokumentiert die Effizienz der Konjugatbindung sowie den korrekten Durchlauf des Teststreifens und muss immer entwickelt sein."[87] Diese Zone war ausnahmslos bei allen Testungen deutlich ausgeprägt.

Der zweite Bereich ist die Amplifikationskontrolle (AC), welche bei einem positiven Ergebnis Fehler bei Ansatz und Durchführung der Amplifikationsreaktion oder die Anwesenheit von Hemmstoffen ausschließen lässt. Wenn das entstehende Kontrollprodukt an die Amplifikationskontrollzone

---

[86] (vgl. HENN-SAX, o.J.)
[87] (HAIN LIFESCIENCE, o.J.d, S. 8)

bindet, wird die Bande entwickelt. Bei den Ergebnissen ist hierbei auffallend, dass die Bande bei den Proben 1,8 und 11 nur schwach ausgebildet ist und bei 12 und der Positivkontrolle (+) sogar nur leicht angedeutet ist. Dies deutet auf einen Fehler bei der Amplifikationsreaktion (z.B. Amplifikat nicht denaturiert und hybridisiert) oder das Vorhandensein von Hemmstoffen hin.[88] Eine schwache oder keine Amplifikationskontrolle bei negativen Testergebnissen kann zudem auftreten, wenn zu wenig Amplifikat in den Laufpuffer gegeben wird oder sich die Proben vor der Detektion über Raumtemperatur erwärmt haben. Diese beiden Punkte lassen sich allerdings ausschließen, da beides bei der Versuchsdurchführung beachtet wurde. Zuletzt ist die mangelnde Qualität der isolierten DNA als mögliche Ursache zu nennen.[89] Die Testergebnisse von 12, + und eventuell 1, 8 und 11 sind somit als nicht valide zu werten und müssten im Normalfall wiederholt werden, was im Rahmen dieser Seminararbeit allerdings nicht möglich war.

Das Testergebnis gibt die MRSA-Reaktionszone an, welche das Vorhandensein eines Methicillin-resistenten *S. aureus*-Stammes dokumentiert. Hier kann die Intensität der Bande in Abhängigkeit von der Zellzahl unterschiedlich stark ausgeprägt sein.[90] Dies ist für die vorliegenden Testergebnisse jedoch nicht relevant, da keine der Proben eine Bande in der MRSA-Zone anzeigt – einschließlich der Positivkontrolle, was ziemlich ungewöhnlich ist. Da bereits die Amplifikationskontrolle dieser Probe nur sehr schwach entwickelt war, deutet dies auf einen Fehler im Ansatz oder bei der Durchführung der Amplifikation hin. Außerdem ist es möglich, dass eine zu geringe Menge einer der Komponenten der Positivkontroll-DNA zugefügt worden ist.[91] Nach Zugabe der extrahierten DNA sollte sich die Farbe des Amplifikationsansatzes normalerweise von pink ins rötliche ändern. Dies war auch bei allen Humanproben zu beobachten, mit Ausnahme der Positivkontrolle, welche die pinke Färbung beibehielt bzw. sogar ein leichtes Violett angenommen hat:

---

[88] (vgl. HAIN LIFESCIENCE, o.J.d, S. 8 f.)
[89] (vgl. HAIN LIFESCIENCE, o.J.d, S. 12)
[90] (vgl. HAIN LIFESCIENCE, o.J.d, S. 8 f.)
[91] (vgl. HAIN LIFESCIENCE, o.J.d, S. 12)

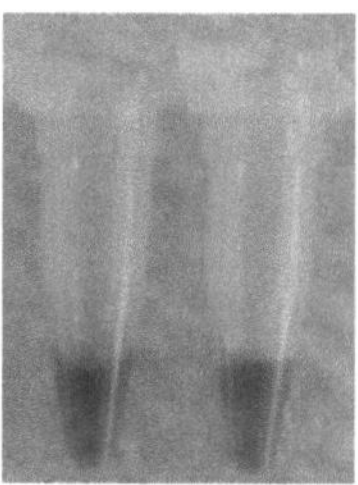

Abb. 11: Vergleich von
Probe #12 (l.)
und Positiv-
kontrolle (r.)

Dies verstärkt die Annahme eines Fehlers bei der Amplifikation oder des Amplifikationsansatzes.

Infolgedessen wurde, wie in 3.3.6 beschrieben, eine Agarose-Gelelektrophorese durchgeführt, um zu überprüfen, ob die Polymerase-Kettenreaktion korrekt abgelaufen ist. Auf den Bildern unter UV-Licht sind bei jeder Probe durchgehend Banden zu erkennen, sodass man von einer erfolgreichen PCR ausgehen kann.

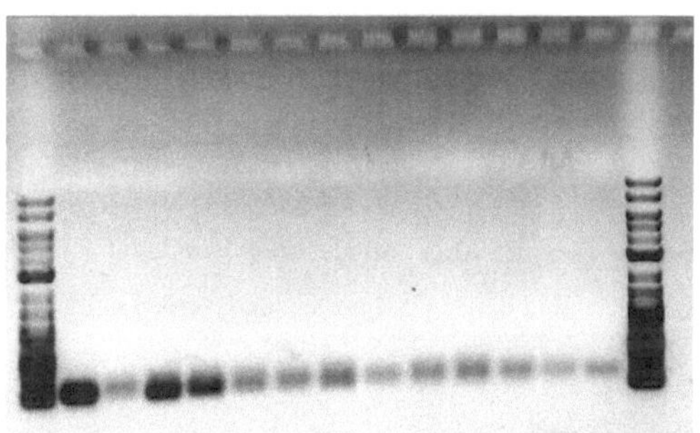

Abb. 12: Ergebnis der Agarose-Gelelektrophorese unter UV-Licht

So bleibt die Frage letztendlich offen, wieso das Testergebnis bei der MRSA-Positivkontrolle negativ ausfiel, da auch Hain Lifescience auf meine Anfrage hin nicht weiterhelfen konnte.

4. Fazit

MRSA-Erreger sind ein ernstzunehmendes Problem. Vor allem in Krankenhäusern gelten sie als Killerkeime. Der unkritische Einsatz von Antibiotika in der medizinischen Humantherapie und in der Massentierhaltung haben *S. aureus*-Bakterien durch die Ausbildung einer Antibiotika-Resistenz noch gefährlicher für den Menschen gemacht. Dies war dem Menschen lange Zeit nicht bewusst, was man aufgrund der steigenden MRSA-Zahlen in den letzten 20 Jahren vermuten kann. Erfreulicherweise verhalten sich diese Statistiken in jüngster Zeit rückläufig, da vor allem die hygienischen Maßnahmen in Krankenhäusern erheblich verbessert worden sind. Zudem wird im Moment viel darüber diskutiert, die Antibiotikaausgabe strenger zu überwachen und einzuschränken, um zu verhindern, dass der Mensch in naher Zukunft gegen weitere Antibiotika resistent wird. Aus diesem Grund gibt es bereits Reserveantibiotika, die nicht in der normalen Therapie, sondern nur bei speziellen Infektionen durch Antibiotika-resistente Keime eingesetzt werden, um Resistenzentwicklungen zu vermeiden. Die Infektionsgefahr durch MRSA bleibt jedoch weiterhin bestehen, sodass eine schnelle und effektive Diagnose zunehmend an Bedeutung gewinnt. Das PCR-basierte Verfahren ist eine sehr gute Möglichkeit, um in kurzer Zeit ein Testergebnis zu bekommen. Am Beispiel des GenoQuick® MRSA-Schnelltests von Hain Lifescience konnte dies bewiesen werden, da bereits nach ca. drei Stunden die Resultate vorlagen. Allerdings wurden im Test auch die Grenzen aufgezeigt und verdeutlicht, wie leicht Fehler auftreten können.

Insgesamt gilt es das Thema rund um MRSA und allgemein Antibiotika-resistente Keime generell sehr ernst zu nehmen und die Bevölkerung, insbesondere aber auch das Personal im Kranken- und Pflegebereich zu informieren und sensibilisieren. Es ist zu hoffen, dass sich der positive Trend in Deutschland und e anderen Staaten weiter fortsetzt, sodass Schicksale, wie das von Malte Arnsperger wieder zu einer Ausnahme werden.

6. Literaturverzeichnis

ANTWERPES, D. F. (2. April 2014). *Antibiotikaresistenz*. Abgerufen am 14. Oktober 2014 von DocCheck Flexikon: http://flexikon.doccheck.com/de/index.php?title=Antibiotikaresistenz&acti on=history

ARNSPERGER, M. (2. September 2010). *Nach der Routine begann der Horror*. Abgerufen am 12. 10 2014 von Stern: http://www.stern.de/gesundheit/krankenhauskeim-mrsa-nach-der-routine-begann-der-horror-1599377.html

BAYERISCHES LANDESAMT FÜR GESUNDHEIT UND LEBENSMITTELSICHERHEIT. (o.J.). *cMRSA - community acquired Methicillin-resistene Staphylococcus aureus*. Abgerufen am 30. Oktober 2014 von www.lgl.bayern.de: http://www.lgl.bayern.de/gesundheit/hygiene/krankenhaus/cmrsa.htm

BETCHER, O. (2009). *Systematische Evaluierung von vier unterschiedlichen Real-Time-PCR-Nachweisverfahren für Methicillin-resistente Staphylococcus aureus (MRSA) im Vergleich zu modernen kulturellen Nachweisverfahren*. Universität Regensburg.

BLAWAT, K. (30. August 2010). *Bakterien - Die Achse der Resistenzen*. Abgerufen am 14. Oktober 2014 von Sueddeutsche.de: http://www.sueddeutsche.de/wissen/bakterien-die-achse-der-resistenzen-1.990779

BUNDESZENTRALE FÜR GESUNDHEITLICHE AUFKLÄRUNG. (2014). *MRSA: Informationen über Krankheitserreger beim Menschen - Hygiene schützt!* Köln.

DEUTSCHLANDFUNK. (19. November 2013). *Neuer Aktionsplan vorgestellt*. Abgerufen am 29. Oktober 2014 von http://www.deutschlandfunk.de/antibiotika-resistenzen-neuer-aktionsplan-vorgestellt.697.de.html?dram:article_id=269447

DIETRICH, D. J. (7. März 2012). *Beta-Laktam-Antibiotikum*. Abgerufen am 14. Oktober 2014 von DocCheck Flexikon: http://flexikon.doccheck.com/de/Beta-Laktam-Antibiotikum

DR. STEIN + KOLLEGEN. (2010). *Labor aktuell: MRSA Diagnostik*. Mönchengladbach.

EUROPEAN ANTIMICROBIAL RESISTANCE SURVEILLANCE NETWORK. (2010). *Antimicrobial resistance surveillance in Europe 2009*. Stockholm.

EUROPEAN ANTIMICROBIAL RESISTANCE SURVEILLANCE
	NETWORK. (2013). *Antimicrobial resistance surveillance in Europe
	2012.* Stockholm.

GÄNZLE, M. (Oktober 2002). *Antibiotika-Resistenz.* Abgerufen am 28. Oktober
	2014 von Thieme RÖMPP:
	https://roempp.thieme.de/roempp4.0/do/data/RD-01-
	02735?update=true&update=true&update=true

GASTMEIER, P. (2005). MRSA-Surveillance-Systeme. In M. QUINTEL, & W.
	WITTE (Hrsg.), *MRSA - eine interdisziplinäre Herausforderung.*
	Karlsruhe: Pfizer.

GOLL, C. (2008). *MRSA in einem Universitätsklinikum (1999-2004).* Berlin.

GÖTTFERT, M. (August 2010). *polymerase chain reaction.* Abgerufen am 16.
	Oktober 2014 von Thieme RÖMPP:
	https://roempp.thieme.de/roempp4.0/do/data/RD-16-03370

HAIN LIFESCIENCE. (o.J.a). *GenoQuick MRSA.* Abgerufen am 14. Oktober
	2014 von Hain Lifescience: http://www.hain-
	lifescience.de/produkte/mikrobiologie/mrsa/genoquick-mrsa.html

HAIN LIFESCIENCE. (o.J.b). *transystem® -Watteabstrichtupfer für
	mikrobiologische Untersuchungen.* Abgerufen am 20. Oktober 2014 von
	Hain Lifescience: http://www.hain-lifescience.de/produkte/abstrich--und-
	transportsysteme/transystem.html

HAIN LIFESCIENCE. (o.J.c). *GenoQuick®-MRSA: Abarbeitungsvorlage.*
	Nehren.

HAIN LIFESCIENCE. (o.J.d). *GenoQuick®-MRSA: Packungsbeilage.* Nehren.

HAIN LIFESCIENCE. (o.J.f). *Die Polymerase-Kettenreaktion (PCR) -
	Grundlage für die medizinische Diagnostik.* Nehren.

HENN-SAX, D. M. (o.J.). *Methode: Gel-Elektrophorese.* Abgerufen am 22.
	Oktober 2014 von https://www.abiweb.de/biologie-molekularbiologie-
	genetik/methoden-der-gen-und-reproduktionstechnik/klonierung/methode-
	gel-elektrophorese.html

INSTITUT FÜR HYGIENE UND UMWELTMEDIZIN. (o.J.). *Häufig gestellte
	Fragen.* Abgerufen am 30. Oktober 2014 von
	http://hygiene.charite.de/service/haeufig_gestellte_fragen_faq/

KAISER, P. (2005). *Selektive Kulturmethoden mit chromogenen Medien und
	PCR-Methoden zum Nachweis von MRSA direkt aus Nasen-
	Abstrichtupfern.* Universität Regensburg.

KÖHLER u.a., W. (Hrsg.). (2001). *Medizinische Bakteriologie.* München: Urban & Fischer.

KRESKEN, M., HAFNER, D., & KÖRBER-IRRGANG, B. (2010). *PEG-Resistenzstudie - Epidemiologie und Resistenzsituation bei klinisch wichtigen Infektionserregern aus dem Hospitalbereich gegenüber Antibiotika.* Rheinbach: Paul-Ehrlich-Gesellschaft für Chemotherapie e.V.

LINDE, H., & LEHN, N. (2004). *Methicillin-resistenter Staphylococcus aureus (MRSA - Diagnostik).* Regensburg.

MÜLHARDT, C. (2009). Die Polymerase-Kettenreaktion (PCR). In C. MÜLHARDT, *Der Experimentator: Molekularbiologie / Genomics.* Heidelberg: Spektrum Akademischer Verlag.

NOLTE, D. O. (16. September 2005). *Entstehung von Abszessen und Furunkel.* Abgerufen am 22. Oktober 2014 von http://www.autovaccine.de/ND/abscess.html

ROBERT KOCH-INSTITUT. (2005). *Epidemiologisches Bulletin Nr. 42.* Berlin.

ROCHE. (o.J.). *PCR: Eine ausgezeichnete Methode.* Abgerufen am 14. Oktober 2014 von Roche in Deutschland: www.roche.com/pcr_d.pdf

SCHÄFER, T. (2010). *Biolumineszenz-basierte Untersuchungen zur Dynamik klinisch relevanter Staphylococcus aureus-Infektionen und zum Virulenzpotenzial ausgewählter Pathogenitätsfaktoren.* Universität Würzburg.

SCHMIDT, S. (Dezember 2007). *MRSA.* Abgerufen am 14. Oktober 2014 von Thieme RÖMPP: https://roempp.thieme.de/roempp4.0/do/data/RD-13-04042?update=true

SCHÖFER u.a., H. (2011). *Diagnostik und Therapie Staphylococcus aureus bedingter Infektionen der Haut und Schleimhäute.* o.O.: AWMF online.

SCHOLZ, S. (2009). *MRSA-Screening mittels nasaler Abstriche bei Patienten nach Kontakt zu MRSA-Patienten.* Universität Regensburg.

STARK, D., IMHOF, A., & SCHNEEMANN, M. (2014). *Staphylococcus aureus-Bakteriämie.* Bern: CME.

WINTER-EMDEN, J. A. (2008). *Molekulare Epidemiologie von Methicillin-resistenten Staphylococcus aureus (MRSA).* Filderstadt.

7. Anhang

A.1

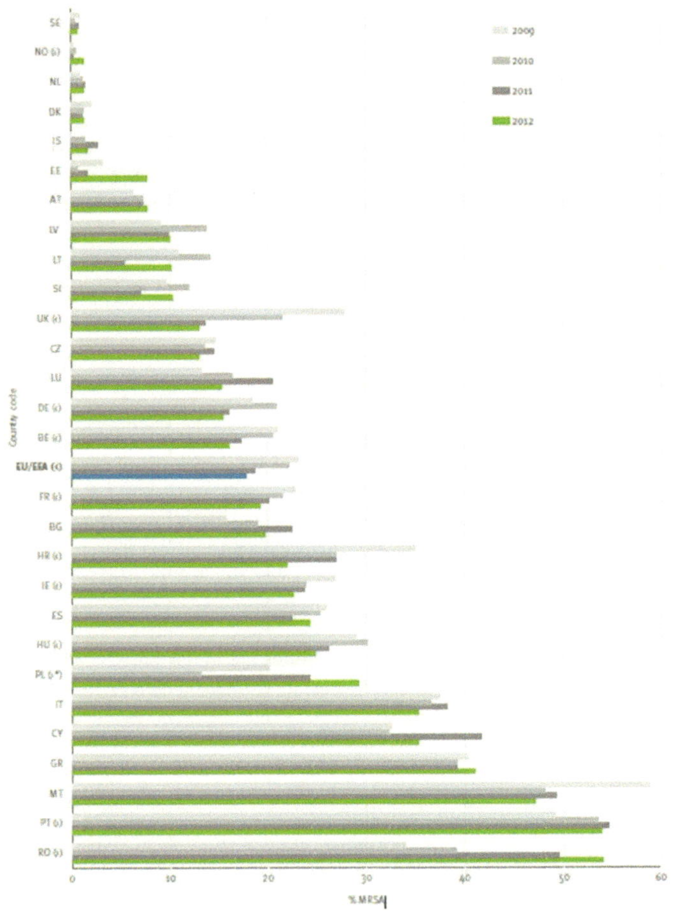

Abb. 13: Verlauf und Vergleich des MRSA-Anteils an *S. aureus* in Europa in den Jahren 2009 bis 2012[92]

---

[92](vgl. EUROPEAN ANTIMICROBIAL RESISTANCE SURVEILLANCE NETWORK, 2013, S. 60)

A.2

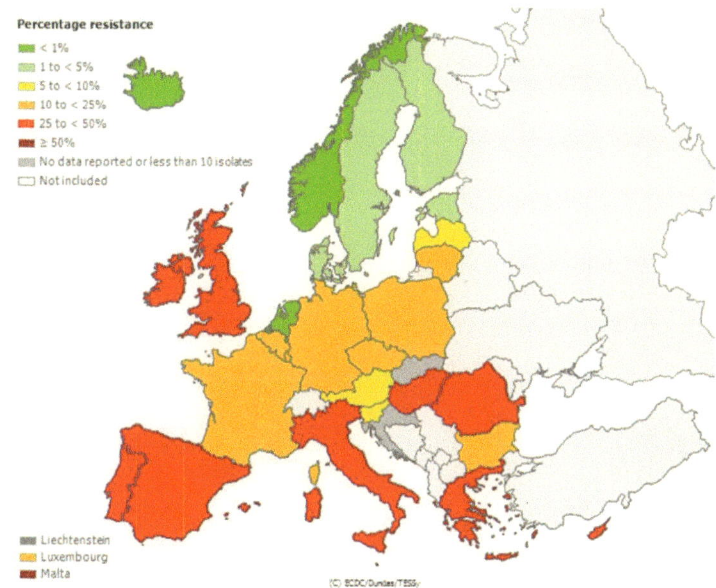

Abb. 14: MRSA-Rate in Europa in 2009[93]

---

[93] (vgl. EUROPEAN ANTIMICROBIAL RESISTANCE SURVEILLANCE NETWORK. (2010).
Antimicrobial resistance surveillance in Europe 2009. Stockholm. S. 29)